KEXUE ANIMAL CITY
AMAZING ANIMAL NEIGHBORS

嗑学动物城
了不起的动物邻居

嗑叔 著　　如意 绘

Oceanian Community
大洋洲社区

民主与建设出版社
· 北京 ·

前言

黄色代表着单纯和快乐！我们用代表热情沙漠的黄色设计了大洋洲居民的身份证。

因为这里与世隔绝，远离其他大陆，居民们如同生活在世外桃源的隐士，具有与众不同的演化历程。

这里是有袋类动物的天堂：袋鼠、袋熊、袋獾、蜜袋鼯，还有呆萌的树袋熊——考拉！

众所周知，考拉小时候无忧无虑，靠吃妈妈的便便长大。
他们的大脑皮层缺少褶皱，脑子不够用，经常从树上掉下来，摔疼了还会哇哇大哭！

短尾矮袋鼠，号称"世界上最快乐的动物"，腮帮子鼓鼓，总是一脸微笑满足。
他们不怕和游客合影，天生自带社交属性，爱吃树叶，一片叶子就是他们快乐的源泉！

当然，最快乐的居民莫过于笑翠鸟，他们拥有世界上最魔性、最狂野的"笑声"。

然而，哈哈大笑的背后，他们有着你想象不到的彪悍战斗力！
……

除了原住民，被引入大洋洲的"二代居民"也很多。这里牛羊遍地，他们身上也有很多有趣的知识和故事！

注意，大洋洲的居民大多单纯，未经世事，请对他们多一点儿温柔和爱护！

让我们收拾好背包，装上好奇，和嗑叔一起探索这些快乐的大洋洲居民吧！

嗑叔

阅读指南

在开始阅读之前，我们可以通过"身份证"
了解动物居民的基本情况：

最蠢的国宝

1 姓名

包括中英文2种，有些
动物名字很多，一般采
用最常用的一个。

2 证件照

这是他们自己最喜欢的个
人照片，每位居民都拥有
自己独特的穿衣品味。

3 冷知识

这是关于他们的一些有趣
的知识，认真阅读，有助
于理解后面的内容。

4 民族

这是他们的基本生物学分类，一般采用"目－科－属"三个层级。

家庭住址

这是他们主要分布的区域（他们也有可能因为迁徙、物种入侵等存在于其他大陆）。

最爱吃的食物

这里是他们最喜欢吃的几种食物，基本不需要任何烹饪加工。

睡觉的地方

他们虽然不在床上睡觉，但也需要寻找一个隐蔽安全的角落休息。

个人爱好

看看他们的爱好和你有什么不一样吧！

人生格言

动物也有自己的原则和梦想！这和他们的生存方式有关。

大洋洲大陆居民卡
Oceanian Animal ID Card

民族：双门齿目－树袋熊科－树袋熊属
家庭住址：澳大利亚东部和南部沿海地区
最爱吃的食物：桉树叶
睡觉的地点：树杈
个人爱好：躺平睡觉
座右铭：他强任他强，我啃叶子忙。

考拉
Koala

关于他的冷知识

Koala!

他的英文名"koala"源于澳大利亚的土著语言，意思是"不喝水"，因为他基本不喝水，靠吃桉树叶来获取水分。

他的外号叫"无尾熊"，因为尾巴已经退化成一个"坐垫"。

由于桉树叶缺少营养且带有毒性，他一天有20小时都躺在树上睡大觉。

阅读指南

注意：本书适合 5 岁以上的小朋友，以及认为自己还是个小朋友的大朋友们阅读！

5

小故事

我们设计了精美的插图，帮助大家更好地理解正文中的内容。

6

注释

这是对本页插图的介绍，你可以用自己的方式介绍给身边的朋友吗？

仅凭一己之力，让整条街道的交通体系瘫痪！

考拉是国宝中的"蠢萌"代表，他们喜欢像老太太一样到处晃荡，但是经常走到半路就分不清方向，堵在路中央，仅凭一己之力就瘫痪整个交通体系，谁要是敢催他，他就会冲你发脾气。他们的外号是澳大利亚本土哈士奇，脑子里面一根筋，不撞南墙不回头，今天被栏杆挂住了屁股，明天被铁门夹了脑门，是消防队的重点救助对象。所以，假如有人说你像个考拉，表面上他在夸你长得可爱，实际上很有可能在说你比八戒还呆。

4

7 <u>正文</u>

这本书的文案追求简洁通俗、朗朗上口，欢迎大小朋友们一起大声朗读。

确实，和布满褶皱的猪脑子相比，考拉的大脑光滑得让人吃惊。他们无法思考复杂的问题。例如，如果你把他们最喜欢吃的桉树叶放到地上，那么考拉根本就不为所动，因为在他们的认知里，只有长在树上的叶子才能叫作树叶，才能吃。要是把考拉关进一间地上铺满桉树叶的房间，他能把自己活活饿死。这种因为智商不在线而产生的认知障碍，我们称之为"天才"。

由于桉树叶有毒，考拉一天到晚都晕晕乎乎。他不是在卖萌，而是在消化毒素。桉树叶吃多了还会产生幻觉，他们会勇敢地跳到下一棵树上去寻找新的桉树叶。由于计算能力不足，没抓住，他们就像仙女下凡，坠入峡谷。他们的颅骨中很大一部分都是脑髓液，这样脑袋着地时就能缓解撞击，可惜这就进一步压缩了他们大脑的体积。摔倒了继续爬上树，继续吃叶子，继续中毒，然后继续摔倒……这就是澳大利亚的国宝：又萌又蠢，又蠢又萌，蠢萌蠢萌，让人心疼。

考拉自我解毒中，不省人事，请勿打扰。

扫一扫看考拉

⑤

8 <u>二维码</u>

在每一篇的结尾都有一个"二维码"，眼见为实，欢迎大家扫码观看。（需下载抖音 app，长按屏幕上的图标并选择"扫一扫"）

★

你觉得这位居民的故事有趣吗？快点儿分享给身边的人吧！

OCEANIAN ANIMAL 大洋洲居民

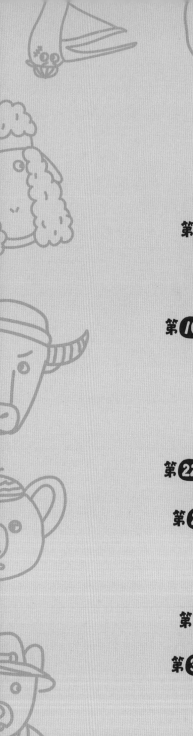

 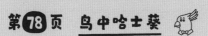

友情提示：

1. 请勿私自投喂；

2. 请带好身边的爸爸妈妈；

3. 请不要把他们带回家（可以扫码加关注）；

4. 请勿偷吃他们的食物（避免消化不良）！

Oceanian Community

大洋洲社区

最蠢的国宝

大洋洲大陆居民卡
Oceanian Animal ID Card

考拉
Koala

民族：双门齿目－树袋熊科－树袋熊属
家庭住址：澳大利亚东部和南部沿海地区
最爱吃的食物：桉树叶
睡觉的地点：树杈
个人爱好：躺平睡觉
座右铭：他强任他强，我啃叶子忙。

CARD OCEANIAN ANIMAL ID
NO.01

TRIVIA

关于他的冷知识

他的外号叫"无尾熊"，因为尾巴已经退化成一个"坐垫"。

koala!

他的英文名"koala"源于澳大利亚的土著语言，意思是"不喝水"，因为他基本不喝水，靠吃桉树叶来获取水分。

由于桉树叶缺少营养且带有毒性，他一天有20小时都躺在树上睡大觉。

仅凭一己之力，让整条街道的交通体系瘫痪！

考拉是国宝中的"蠢萌"代表，他们喜欢像老太太一样到处晃荡，但是经常走到半路就分不清方向，堵在路中央，仅凭一己之力就瘫痪整个交通体系，谁要是敢催他，他就会冲你发脾气。他们的外号是澳大利亚本土哈士奇，脑子里面一根筋，不撞南墙不回头，今天被栏杆挂住了屁股，明天被铁门夹了脑门，是消防队的重点救助对象。所以，假如有人说你像个考拉，表面上他在夸你长得可爱，实际上很有可能在说你比八戒还呆。

确实，和布满褶皱的猪脑子相比，考拉的大脑光滑得让人吃惊。他们无法思考复杂的问题。例如，如果你把他们最喜欢吃的桉树叶放到地上，那么考拉根本就不为所动，因为在他们的认知里，只有长在树上的叶子才能叫作树叶，才能吃。要是把考拉关进一间地上铺满桉树叶的房间，他能把自己活活饿死。这种因为智商不在线而产生的认知障碍，我们称之为"天才"。

由于桉树叶有毒，考拉一天到晚都晕晕乎乎。他不是在卖萌，而是在消化毒素。桉树叶吃多了还会产生幻觉，他们会勇敢地跳到下一棵树上去寻找新的桉树叶。由于计算能力不足，没抓住，他们就像仙女下凡，坠入峡谷。他们的颅骨中很大一部分都是脑髓液，这样脑袋着地时就能缓解撞击，可惜这就进一步压缩了他们大脑的体积。摔倒了继续爬上树，继续吃叶子，继续中毒，然后继续摔倒……这就是澳大利亚的国宝：又萌又蠢，又蠢又萌，蠢萌蠢萌，让人心疼。

考拉自我解毒中，不省人事，请勿打扰。

扫一扫
看考拉

大屁股有什么妙用？

大洋洲大陆居民卡
Oceanian Animal ID Card

袋熊
Wombat

民族：双门齿目 - 袋熊科 - 袋熊属
家庭住址：澳大利亚东部、南部及塔斯马尼亚岛
最爱吃的食物：各种青草和灌木
睡觉的地点：地下深洞内
个人爱好：挖地洞
座右铭：与邻为善，地洞共享。

CARD OCEANIAN ANIMAL ID
NO.02

他是地球上唯一一种可以拉出立方体粪便的动物，这可能和他特殊的肠道结构有关。

他的体形可能比你想象中的大，体重可以达到35千克！

他一晚上会产生80～100块方形粪便，方形便便可以防止粪便滚动，稳如泰山。

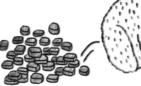

TRIVIA
关于他的冷知识

　　袋熊的大屁股非常特别，类似于柯基，走起来左右晃动，又蠢又萌，惹人疼爱。这屁股不仅可以拉出世界上绝无仅有的、让屎壳郎崩溃的方形便便，还拥有一项动物界失传已久的绝技——铁臀功。

　　说到铁臀功，先要介绍一下袋熊的生活环境：袋熊号称"土澳地道游击队"，和鼹鼠一样喜欢打洞。他们的洞穴四通八达，可达200多米。2019年，澳大利亚发生大火，很多动物就躲在袋熊的洞穴里面才幸免于难。因为天天"开挖掘机"，为了不让孩子生下来就灰头土脸，袋熊的育儿袋是朝着屁股开放的，所以妈妈的方形便便经常从宝宝的眼前掉落。

袋熊的洞口不会特别大，和他们的体型相当。这样的好处在于，当遇到凶残的捕食者时，他们可以赶紧跑进地洞里面，用自己硕大的屁股挡住洞口。看过鬣狗掏肛的都知道，屁股可是弱点啊！然而，袋熊的屁股很特别：首先，他的尾巴很短，不给敌人留把柄；其次，他的皮厚肉糙，下面还有一层坚韧的软骨，上可挡无耻野狗，下可防流氓泰迪。任你尖牙利嘴，我自铜墙铁"屁"。

如果对方还不放弃，他就会故意收缩屁股，留下一道缝，等敌人脑袋伸进去，突然抖臀，把敌人顶上天花板，然后用硕大的屁股闷死敌人。所谓"袋熊臀下死，做鬼也风流"，每年都有一些虎鼬、袋獾、澳洲野狗死于袋熊的铁臀功，以至于澳大利亚流传着这样一句话：每一个诱人的大屁股后面，都藏着一个可爱的生命、一块方形的便便，以及一坨挤爆的脑浆。

袋熊的秘密武器——"电臀碎颅术"！

扫一扫
看袋熊

9

矮袋鼠快乐的秘诀是什么？

大洋洲大陆居民卡
Oceanian Animal ID Card

短尾矮袋鼠
Quokka

民族：双门齿目 - 袋鼠科 - 矮袋鼠属
家庭住址：澳大利亚的罗特尼斯岛
最爱吃的食物：各种叶片、草、多肉植物
睡觉的地点：灌木丛和荆棘丛
个人爱好：吃
座右铭：鼠生在世，"吃睡"二字。

CARD OCEANIAN ANIMAL ID
NO.03

关于他的冷知识 TRIVIA

他有两个胃室，可以像牛一样反刍。

他被称为"世界上最快乐的动物"，因为独特的面部肌肉让他看起来总是在"微笑"。

他无法适应高盐度的人类食物，因此就算很可爱也不要随意去投喂。

和我合影拍照发到朋友圈，绝对赞爆！

　　这个长得像皮卡丘的家伙叫作短尾矮袋鼠，他们快乐的秘诀就一个字：吃。从他们鼓起来的腮帮子就看得出来，无论是叶子做的"薯片"，还是枝条做的"麻花"，无论是大叶片做的"大煎饼"，还是小花蕾做的"小烧烤"，他们都能给你整得津津有味，嚼出满满的幸福感来。总之，给点儿阳光就灿烂，拿片叶子就当大米饭，只要有口吃的，他们就笑得像个八九斤的小傻蛋。

　　由于个头小又吃得太胖，短尾矮袋鼠跑得不快。当遇到危险时，矮袋鼠妈妈会收缩育儿袋的肌肉，把孩子从袋子里面"弹"出来，让幼崽发出声音，以吸引捕食者的注意，掩护妈妈飞速逃跑。留得青山在，不怕没柴烧。而且，妈妈的肚子里一直有个"备胎"，娃活着备胎就先存着，娃要是挂了，马上就可以用备胎发育再生产，这种技能叫作胚胎滞育，可以弥补宝宝意外去世带来的损失。有备无患，能不快乐吗？

矮袋鼠还不怕人，各种求抱抱求拍照，属于被人卖了还能帮人数钱的那种。为了保护他们，人们把他们隔离在远离澳大利亚大陆的罗特尼斯岛上。澳大利亚政府颁布禁令，严禁触碰他们，摸一次罚300澳元，因为袋鼠妈妈主要靠气味分辨幼崽，触碰幼崽容易导致妈妈丢孩子。总之，他可以骚，你不可以扰。在那里，每天都能看到游客趴在地上半个小时，等着他主动凑过来拍一张笑脸，然后沾着一身的便便回去发"朋友圈"，别提有多快乐了！

我愿意用大大的拥抱驱散你生活的阴霾！

扫一扫
看短尾矮袋鼠

鹦鹉的奇葩爱情

大洋洲大陆居民卡
Oceanian Animal ID Card

折衷鹦鹉
Eclectus parrot

民族：鹦形目 – 鹦鹉科 – 折衷鹦鹉属
家庭住址：澳大利亚北部、印度尼西亚、新几内亚
最爱吃的食物：香蕉、芒果、无花果及木瓜
睡觉的地点：树洞
个人爱好：给爱人送水果外卖
座右铭：红女绿男，分辨不难。

CARD OCEANIAN ANIMAL ID
NO.04

TRIVIA 关于他的冷知识

他们雌雄差异极大，直到20世纪初，科学家们一直以为是两种不同的鹦鹉。

绿色
红色
蓝色

Hello!

他的语言天赋很高，可以模仿人类说话，还可以模仿其他鸟类的叫声。

他爱吃花粉和水果，对热带森林中各种植物的授粉和种子传播起到重要的作用。

我叫小绿，她是我老婆——小红！

折衷鹦鹉是一种非常美丽的鹦鹉，他们的婚配方式清新脱俗，绝对让人折服。首先来认识一下鹦鹉夫妻：红彤彤的是母的，绿汪汪的是公的，红女绿男，分辨不难。他们生活在澳大利亚北部、印度尼西亚及新几内亚的热带雨林，喜欢在高高的树洞里筑巢，这是为了保护自己的高层别墅不被别的鸟类霸占。在繁殖期间，母鹦鹉基本上就守在家里孵蛋，其间全靠老公外出打工，带水果外卖回家。每次老公回家，都是小别胜新婚，不免要亲亲热热、海誓山盟一番，好一派莺歌燕语、妇唱夫随。

然而,在老公离开家去寻找食物之后,有一只陌生的公鹦鹉出现了,母鹦鹉热情地接纳了他,继续莺歌燕语一番,接下来就是第二只、第三只……在短短一天之内,居然有 7 只公鹦鹉送来了爱的外卖,母鹦鹉照单全收。母鹦鹉身上醒目的红色,就如灯塔一般,强烈吸引着路过的异性,看到这抹"斩男色",路过的公鹦鹉纷纷投怀送抱。就这样,母鹦鹉一心一意孵鸟蛋,聚精会神收外卖,让每只公鹦鹉都觉得自己才是孩子的亲爹,从而更加拼命地为母鹦鹉带来更多的食物。然而,研究鹦鹉的科学家爬上树并检测了蛋的 DNA 后才发现,这只母鹦鹉 9 年来孵化了 22 个蛋,其中 19 个都属于同一只漂亮的公鹦鹉,个中缘由科学家还在研究……

不过,公鹦鹉也不是省油的灯:他在外出觅食的一路上,拜访了沿途的 4 个树洞,给别的母鹦鹉也送去了爱的外卖……在 70% 的鸟类都遵循一夫一妻制度的背景下,折衷鹦鹉的这种混乱的繁育方式,真不愧是"天生一对,鸟中绝配"啊!

小绿去送外卖,小红心潮澎湃,各自心怀鬼胎。

扫一扫
看折衷鹦鹉

澳大利亚拳击手有多猛?

大洋洲大陆居民卡

Oceanian Animal ID Card

红袋鼠

Red kangaroo

民族：双门齿目 - 袋鼠科 - 大袋鼠属
家庭住址：澳大利亚西部和中部
最爱吃的食物：各种新鲜的草
睡觉的地点：树木遮荫的开阔地带
个人爱好：打拳、摔跤
座右铭：练出一身腱子肉，打架气势才足够！

CARD OCEANIAN ANIMAL ID

NO.05

2.1 m

他是个头最大的有袋类动物，身高可超过 2.1 米。

他是跳跃能力最强的哺乳动物，最高可跳到 4 米，最远可跳 13 米。

他出生时非常小，只有1粒花生米那么大。

TRIVIA **关于他的冷知识**

来呀，出来单挑呀！谁怕谁呀！

红袋鼠有一个响当当的外号——澳大利亚拳击手，在繁殖季节，他们喜欢把情敌按在地上碾压，以彰显自己的男性魅力，吸引妹子的注意。他们打架时不仅拼蛮力，而且有技巧：直勾刺拳，攻击躲闪，拳法变化多端，简称稀里哗啦一顿乱捶拳。他们没事就喜欢找人类练拳，毕竟都是直立行走的动物，身高体重都在一个量级，打起来比较公平。他们平时还有训练，有条件就打沙袋，没条件就打空气，有器械的就举哑铃，没有哑铃的就搓揉铁桶。练出一身腱子肉，打架气势才足够！

在澳大利亚，天上飞的鹰、地上跑的狗、身上长毛的鸸鹋、头上有角的山羊，败在红袋鼠手下的动物不计其数。有人骑车去散心，半路杀出个袋鼠精；举着手机拍着照，袋鼠围着你上蹿下跳；上一秒打着高尔夫，下一秒就被打得满地哭。就算你可以挡住铁拳，也架不住他的长腿。毕竟，他能跳4米高、13米远，脚力十足，横扫万物。被这双脚端上一次，不是星星在头顶飞，就是身后突然给你来一腿，实在是太猛了。惹不起，惹不起！

不过，总有一些不怕死的人类去挑战红袋鼠。只要拳头使得快，袋鼠秒变大白菜，这个拼手速的时代，真是让袋鼠气急败坏。但是这都不算啥，由于数量太多且缺少天敌，澳大利亚政府允许对红袋鼠合理捕杀和商业开发。超市里到处都卖袋鼠肉，因为难吃，有的甚至被做成宠物粮食。真是"打遍天下无敌手，最后还得去喂狗"，他们堪称世界上最悲催的拳击手。

澳大利亚特色宠物罐头

袋鼠肉 Dog food

吃我的肉，还要抱怨我的肉难吃！好悲催！

扫一扫
看红袋鼠

21

鸟中恶霸能吃人?

大洋洲大陆居民卡
Oceanian Animal ID Card

鹈鹕
Pelican

民族：鹈形目－鹈鹕科－鹈鹕属

家庭住址：除南极洲外全球各大洲

最爱吃的食物：各种鱼、鸟类、哺乳动物

睡觉的地点：靠近水源的地面、树上、灌木丛中

个人爱好：狼吞虎咽

座右铭：嘴大吃四方，鸟中最嚣张！

CARD OCEANIAN ANIMAL ID
NO.06

关于他的冷知识
TRIVIA

他有时会把水装进"袋子"里，通过摇晃来蒸发散热。

他属于唯一一类喙下长着"袋子"的鸟类。

澳大利亚鹈鹕拥有世界上最长的鸟喙，长达50厘米。

50 cm

这就是传说中的"热狗"吗？好想一口吞下！

鹈鹕号称鸟类中第一大恶霸、动物园里的街溜子，他们可以把任何路过的鸟类强行塞进嘴里，比拉客的黑车司机还厉害。仗着自己长得牛高马大，他们连猫猫狗狗都不放过。鸟生格言是：只要嘴够大，不要火锅也不要烧烤架。他们是人类幼崽眼中的大嘴怪，四处啃人的鸟界大佬，走起路来更是霸气侧漏，人送外号"古惑鸟"！

鹈鹕的大嘴长得惊天动地，张开了就像一个小便池，让人尿意十足；下喙也可以张得很宽，变成一个大袋子。他的嘴容量是胃容量的3倍，撑满了可以装12升的矿泉水。其皮囊的韧性非常好，防割丝设计，比丝袜还能塞。任凭你是啥活蹦乱跳的东西，进去了就是送火葬场。他打哈欠的时候，喉部的皮囊完全外翻，脖子露出如同卤鸭脖，站起来盖在头上就给人"鹈鹕灌顶"，你说霸气不霸气？

由于块头太大，鹈鹕不能深潜，他们有时候会和鸬鹚合作，让鸬鹚把鱼赶到水面再来捞鱼。没有鱼的时候，他们就开始明抢，威胁对方吐出战利品，甚至恐吓鸬鹚幼鸟，逼着他们吐出鱼来。总之，我的是我的，你的吐出来也是我的，真是"嘴大吃四方，鸟大真嚣张"啊！

鸬鹚在水下打猎，鹈鹕在上面等着抢劫。

扫一扫
看鹈鹕

奶凶的伞蜥

大洋洲大陆居民卡
Oceanian Animal ID Card

伞蜥
Frilled lizard

民族：有鳞目 - 飞蜥科 - 斗篷蜥属
家庭住址：澳大利亚北部、新几内亚南部
最爱吃的食物：各种昆虫
睡觉的地点：树干和树洞
个人爱好：撒丫子跑步
座右铭：天不怕地不怕，带着围嘴闯天下！

CARD OCEANIAN ANIMAL ID
NO.07

关于他的冷知识 TRIVIA

他大部分时间都在树上度过，粗糙的皮肤可以提供伪装，看起来如同一块树皮。

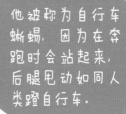

他被称为自行车蜥蜴，因为在奔跑时会站起来，后腿甩动如同人类蹬自行车。

他的胃口非常大，一次可以吃掉上万只白蚁，然后几星期都不再吃东西。

长得像只霸王龙，内心却是个小可爱。

扫一扫
看伞蜥

这个迈着六亲不认的步伐、昂首阔步向我们跑来的，就是澳大利亚最"凶猛"的动物——伞蜥。他们颈部长有很大的伞状领圈，展开的时候就像戴着一个巨大的围嘴。从这高贵典雅的造型就看得出来，他们绝对不是一般的蜥蜴——历史上拥有这身行头的都是有头有脸的人物，例如埃及的女王、罗马的教皇，以及那些没有上幼儿园的小朋友。伞蜥就是靠着这个围嘴"独孤求败"，行走江湖的。他们虽然只是小小的蜥蜴，但是拥有像恐龙一样的霸气，只不过听声音感觉有一股浓浓的奶气！

在野外，你如果碰见了一只伞蜥，那么最好跑快一点儿，因为他打着伞踩着自行车都能比你跑得快。关键是伞蜥拥有锲而不舍、硬扛到底的精神，不把你吓趴下绝对不会放弃，简直就是澳大利亚的"平头哥"，怒发冲冠一身正气。他们的胆子很大，比村里的大鹅还要凶，从来都是斗天斗地还斗空气。他们的精神高度敏感，遇到惊吓容易一惊一乍，不过这么快的反应速度，真不知道他们是吓唬别人还是吓唬自己。

伞蜥虽然长得五颜六色、造型奇特，但是没有毒，牙齿很小，咬合力也一般，属于典型的"战五渣"气质。他们既没有壁虎壮士断腕的魄力，也没有角蜥眼睛喷血的特技，只能靠着打伞来虚张声势，扯个虎皮当大旗。他们很容易投降，给他们一点儿好吃的，或者撸一撸他们的脑袋，伞蜥秒变"奶昔"，有时候还会害羞一个人躲起来。真所谓：伞蜥伞蜥，神经兮兮，外表凶猛霸气，内心就是个"软柿子"。

拥有这身行头的，都不是一般的角色！

鸭嘴兽的妈

大洋洲大陆居民卡
Oceanian Animal ID Card

鸭嘴兽
Platypus

民族：单孔目 - 鸭嘴兽科 - 鸭嘴兽属
家庭住址：澳大利亚东南部及塔斯马尼亚岛
最爱吃的食物：小龙虾
睡觉的地点：河岸边的地洞里
个人爱好：做蛋挞
座右铭：不要觉得我奇怪，那都是你少见多怪！

CARD OCEANIAN ANIMAL ID
NO.08

TRIVIA
关于他的冷知识

他独特而扁平的大尾巴像浆一样，可以在游泳的时候提供平衡，还可以卷起稻草，带回家铺床。

他的后腿长有毒刺，在繁殖季节，雄性之间用毒刺打斗来争夺配偶。

他的嘴巴里面没有牙齿，吃东西时只能用干瘪的嘴巴把食物压碎后再吞下。

31

每次都生两个蛋，孩子将来相互有个伴。

小鸭嘴兽生下来时全身透明，个头还没有一块指甲盖大。为了保护宝宝的安全，鸭嘴兽妈妈会在河边的隐秘处挖出一条20多米深的地洞，在地洞的尽头筑巢孵蛋，每隔一段距离，还会设置一个障碍，这样既可以防止河水灌进来，又可以把捕食者挡在外面。而且，洞口的直径很小，每次回家，一路上就可以把身上的水挤干净，真是一只勤劳又细心的鸭嘴兽妈妈。

鸭嘴兽妈妈一般每次生 2 个蛋，每个蛋直径不到 2 厘米。孵蛋时，她把身体蜷成一团，把蛋放在身体中央，10 天左右就能孵出小鸭嘴兽来。小宝宝虽然是破壳而出，但和人类一样，也是吃妈妈的奶长大的。虽然鸭嘴兽妈妈没有乳头，但是腹部的腺体可以分泌乳汁，小鸭嘴兽可以躺在妈妈的肚子上舔奶。据说，鸭嘴兽妈妈是地球上第一批能做蛋挞的动物，因为她既有蛋，又有奶。

鸭嘴兽妈妈需要抚养双胞胎 4 个月，每次出门，都必须把洞口堵住，回来得把洞口打开，然后再堵上。真想给她安个防盗门呀！有时候她还需要用尾巴卷着稻草回家，给孩子铺床。别人忙到手脚并用，她忙到尾巴都不闲着，一直要等小鸭嘴兽长齐毛发，学会游泳、打洞，可以独立生活了，她才能歇一口气。如果你要问，鸭嘴兽爸爸去哪里了？对不起，雄性鸭嘴兽只会打架下毒，不会孵蛋带崽。所以，能做蛋挞的，就是孩子他妈；孩子他爸，啥也不是。

河边地洞最深处，里面有鸭嘴兽妈妈的育婴房。

扫一扫
看鸭嘴兽

沧海一声 笑翠鸟

大洋洲大陆居民卡
Oceanian Animal ID Card

笑翠鸟
Laughing kookaburra

民族：佛法僧目 - 翠鸟科 - 笑翠鸟属
家庭住址：澳大利亚东南部
最爱吃的食物：蛇、蜥蜴、昆虫等
睡觉的地点：树洞
个人爱好：哈哈大笑
座右铭：别人笑我太疯癫，我笑别人看不穿！

CARD OCEANIAN ANIMAL ID
NO.09

关于他的冷知识 TRIVIA

他是所有翠鸟中体形最大的一种，胆量也是最大的，甚至敢于捕食澳大利亚的大型毒蛇。

他喜欢发出独特的笑声，他的宝宝需要花2个星期的时间跟父母学习如何正确地发出"笑声"。

他的笑声经常出现在好莱坞电影中，你可以在《人猿泰山》《侏罗纪公园》中听到他奇怪的笑声。

听到笑翠鸟
哈哈大笑，
心情就会愉
悦不少！

在澳大利亚东南部，很多人的院子里都可以看到笑翠鸟，这种鸟个头不小，胆子很大，时而文静，时而活泼，有时可爱，有时沙雕。但是，一旦他开口，发出聒噪的、具有节奏感的叫声，你就理解了什么叫作"天使的面孔，魔鬼的声音"。如果你把这种叫声的速度降低五分之一，那它听起来就像是地狱深渊里传出来的奇怪笑声；如果他们生活在中国，那么唢呐都没有存在的必要了，因为笑翠鸟一笑，红白喜事开道，千年的乌鸦呱呱呱，万年的笑翠鸟哈哈哈。

比笑翠鸟的声音更加魔性的，是他们的胆量，他们不像一般翠鸟那样吃鱼，而是吃肉。老鼠、蜥蜴都是小菜一碟，他们甚至可以干掉毒王眼镜蛇。他们也不怕人类，喜欢跑到人类的院子里面讨肉吃，甚至从你的嘴里抢肉。江湖传言："北有峨眉猴，南有笑翠鸟。"他们性格倔强，只要肉到了嘴边，绝对不松口。别人都是用蚯蚓钓鱼，你可以用牛肉来钓笑翠鸟。为了争夺食物，两只笑翠鸟经常展开"拔肉比赛"，就算掉下阳台也不松口。总之，宇宙不爆炸，他们不放假，地球不发抖，他们不松口，沧海一声笑，一起往下跳。

因为笑翠鸟天性乐观，深受澳大利亚人民的喜爱，所以每家每户都会留点儿口粮，挨个去喂他们。他还是悉尼奥运会的三大吉祥物之一，在疫情期间，甚至有人专门做了笑翠鸟巨大模型车，一边游街一边放录音，鼓励大家笑着面对困难。他的初心不错，但是声音确实有点儿吓人。听了这个声音，真是"沧海一声笑翠鸟，心脏病人都吓倒；岸边老牛全吓跑，听完晚上也睡不好"。

为了争夺一块肉，两只笑翠鸟已经僵持了2小时……

扫一扫
看笑翠鸟

园丁鸟的房子

大洋洲大陆居民卡
Oceanian Animal ID Card

园丁鸟
Bowerbirds

民族：**雀形目-园丁鸟科**
家庭住址：**澳大利亚、新几内亚**
最爱吃的食物：**无花果、昆虫等**
睡觉的地点：**树枝搭建的凉亭**
个人爱好：**盖房子、搞装修**
座右铭：**房子盖得好，媳妇跑不了！**

CARD OCEANIAN ANIMAL ID
NO.10

50年后……

盖好自己的房子之后，他会长期使用这个房子，最长使用纪录超过50年。

他是口技大师，可以模仿各种各样的声音，唱歌技能也是雄性求偶的重要手段。

他喜欢通过修建漂亮的房子来吸引异性，还喜欢装饰自己的庭院，因此被称为园丁鸟。

TRIVIA **关于他的冷知识**

别的男人都爱收集豪车，而我，喜欢收集豪车钥匙！

拥有一套属于自己的房子，是很多雄性园丁鸟一辈子的梦想。他们每天穿梭于丛林之中，忙忙碌碌，衔枝盖巢，就是为了盖好一座美丽的房子。他们的房子一般位于森林的空地上，房子非常宽敞，里面有柱子作为支撑；外面还有一个院子，地上是用苔藓做的地毯，其豪华程度堪比鸟类的凡尔赛宫。

盖好房子之后，雄鸟就得开始忙着搞装修，他们会到处收集五颜六色的鲜花、叶片摆在庭院里，整体的色彩不能少于5种，还必须分门别类摆放。他们每天还要整理和打扫庭院，地上不能有垃圾。为了让家看起来更现代，有的园丁鸟甚至偷来彩色的吸管，叼来矿泉水瓶和易拉罐，有的甚至还会摆上钞票和车钥匙。当然，他们这么折腾，就是为了在求偶季节吸引异性的注意力。毕竟，房子够大，桃花爆炸，小鸟没房，爱情渺茫。

　　雌鸟非常挑剔，房子只是一块敲门砖，考察住所之后，她们还得考察"才艺"：相亲时，雄性必须当面一展歌喉，有的模仿小动物，有的模仿汽车喇叭，有的模仿人类说话……一只雄鸟可以模仿30多种不同的声音。要是才艺不好，雌鸟转身就跑，她可不想自己的孩子生下来五音不全。有趣的是，交配完成之后，雌鸟会立即离开，并不会住在这里，她们最终还得自己另起炉灶，筑巢养娃。而雄性凭借着自己的大房子，继续吸引其他的雌性。在他们的世界里，房子不是用来住的，而是用来"炫富"的。

男人必须多才多艺，还得学会模仿各种声音。

喵

扫一扫
看园丁鸟

黏人的"小蜜"

大洋洲大陆居民卡
Oceanian Animal ID Card

蜜袋鼯
Sugar glider

民族：**双门齿目 - 袋鼯科 - 袋鼯属**
家庭住址：**澳大利亚、印度尼西亚、巴布亚新几内亚**
最爱吃的食物：**树液、花蜜、昆虫等**
睡觉的地点：**树洞**
个人爱好：**滑翔**
座右铭：**爬得更高，飞得更远！**

关于他的冷知识

他属于有袋米动物，小蜜袋鼯出生时会藏在妈妈的育儿袋里，跟着妈妈一起滑翔。

他是天然的滑翔大师，最远能"飞"出50米，可以轻松来往于森林中的每一个角落。

他喜欢在夜间觅食，大大的眼睛可以帮助他在昏暗的环境中寻找食物。

吹吹电风扇，马上就有了飞一样的感觉！

　　蜜袋鼯是一种非常流行的宠物，由于长得娇小玲珑、体态轻盈，很多人都亲切地叫他"小蜜"。小蜜平均体重只有100克左右，无论是挂在头发上，还是放进钱包里，统统都没有问题；他们活泼好动，走钢丝那是嗖嗖的，爬树那是咔咔的；他们的身体两侧有滑行膜，从手关节一直延伸到脚踝，这让他们拥有了一般宠物没有的滑翔能力。

假如你把小蜜放到高处,只要一声招呼,然后张开你的"如来神掌",他就会奋不顾身地朝你扑面"飞"来。他们可以通过尾巴控制方向,安全落到你的手掌,让你体验"招之即来,挥之即去"的快感。当然,有时候他们也会偏离航线,空姐就摔成了空劫,小蜜就摔成了小屁。他们天生就爱飞,假如你把他们放到运转着的电风扇面前,他们就会本能地张开四肢,仿佛自己正在天空翱翔。飞翔的梦想,写在了他们的骨子里。

和西伯利亚小飞鼠不同,蜜袋鼯不是啮齿动物,他们的牙齿不会一直生长。他们是原产自澳大利亚的有袋类动物,和袋鼠一样,他们的腹部有一个育儿袋,小蜜袋鼯出生之后会爬到妈妈的育儿袋里面吸奶。不过,小蜜虽然可爱,养起来却不容易。他们对于环境、营养的要求很高,而且是群居动物,需要足够的陪伴,否则容易得抑郁症。你如果想养蜜袋鼯,那么要做好充分的思想准备,做一个有责任感的主人,不要对小蜜始乱终弃。

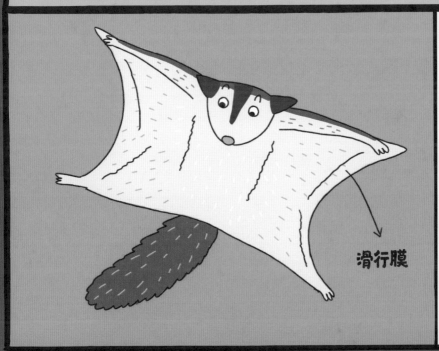

滑行膜

自带滑行膜,我就是传说中的翼装飞行大师!

扫一扫
看蜜袋鼯

奇异的鸟

大洋洲大陆居民卡
Oceanian Animal ID Card

奇异鸟
Kiwi

民族：无翼鸟目 - 无翼鸟科 - 无翼属
家庭住址：新西兰
最爱吃的食物：地下的昆虫和蠕虫
睡觉的地点：岩洞和地洞
个人爱好：用脚打架
座右铭：看我新西兰无影脚！

CARD OCEANIAN ANIMAL ID
NO.12

关于他的冷知识 TRIVIA

他是新西兰的国鸟，也是新西兰的象征，新西兰人会自称"奇异鸟"。

他的蛋非常大，可以占到雌鸟体重的25%！

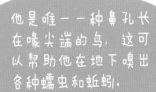

他是唯一一种鼻孔长在喙尖端的鸟，这可以帮助他在地下嗅出各种蠕虫和蚯蚓。

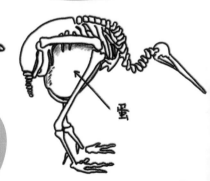

蛋

47

喜欢走夜路，
却经常摔得眼
冒金星。

　　他们恐怕是世界上长得最奇异的鸟：披着一身毛茸
茸的羽毛，摸起来不像一只鸟，更像一只猫；长着猫一
样的拉碴胡须，表情充分体现了流浪艺术家的气质；拥
有一个长长的嘴巴，鼻孔长在喙尖，睡觉时会把嘴巴藏
进羽毛，看着就是一个特大号的猕猴桃。翻开"猕猴桃"
的毛，你可以找到一对非常小的翅膀，他们不会飞，所
以也叫"无翼鸟"。

奇异鸟生活在新西兰，这片岛屿长期以来与世隔绝，没有演化出具有杀伤力的哺乳动物，陆地上甚至没有蛇，所有的威胁都来自天上的猛禽。所以，对于奇异鸟来说，做一只"走地鸡"是更加安全的选择。他们一般白天睡觉，晚上蹦迪，太阳一下山，就开心得团团转，围着树林到处乱窜。他们的视力特别差，五米之外雌雄莫辨，十米之外人畜不分，所以前一秒你追我赶，后一秒摔成傻蛋，好在一身肉乎乎，摔倒了打个滚爬起来，继续摸黑跑路！

奇异鸟蛋的个头特别大，几乎挤占了整个身体，因为挤压内脏，在生产之前鸟妈妈无法进食，只能饿肚子。为了缓解压力，她们会把肚子泡在冷水里。然而，即使如此艰难，不久之后她们就会生出第二个蛋。据统计，奇异鸟妈妈一辈子需要生 100 个蛋。别人的梦想是自由自在翱翔天际，她们的梦想却是脚踏实地多生宝贝。这样接地气的奇异鸟，你说稀奇不稀奇？

响应国家号召，坚持生二胎！

扫一扫
看奇异鸟

49

暴走的天鹅

大洋洲大陆居民卡
Oceanian Animal ID Card

天鹅
Swan

民族：雁形目 - 鸭科 - 天鹅属
家庭住址：除非洲、南极洲之外各大洲
最爱吃的食物：各种水生植物
睡觉的地点：水面或者陆地上
个人爱好：打架
座右铭：别惹天鹅！

CARD OCEANIAN ANIMAL ID
NO.13

关于他的冷知识
TRIVIA

北半球　　南半球

在英国，所有天鹅都是英国女王的私人财产。

黑天鹅原产自南半球的澳大利亚，北半球的天鹅都是白色的。

他是飞高冠军，能飞越世界最高山峰——珠穆朗玛峰。

天鹅夫妻经常为了争夺地盘和别人展开混战.

天鹅是一种领地意识非常强的动物，他们会对任何闯入自己地盘的动物发动攻击。他们张开翅膀时翼展可以达到2米，谁敢惹他们就直接扑上去用大翅膀扇你。上一秒鹅中贵妇，下一秒水中母老虎，连号称"农村三霸"之首的大鹅，见了他们也得退避三舍，确实不好惹啊！

天鹅的嘴巴里长满了尖尖的齿状喙，被他们咬上一口，绝对酸爽可口。他们敲过你的窗，掀过你的船，谁敢赖着不走，上去就给人两口。总之，咬猫咬狗咬人类，斗天斗地斗空气，够不着就直接咬你的屁屁。两只天鹅打起架来也绝不手下留情，缠住脖子，咬着翅膀，一架能从天黑打到天亮，有时候打到脖子绕在一起，两只天鹅缠成麻绳动弹不得，只能靠着人类帮忙解围。这种战斗到死的精神，真是让人肃然起敬。

结婚后的天鹅更是战斗力加倍，雌鸟负责守住后方，雄鸟负责发动攻击，有时候还玩背后袭击。雌鸟也很给力，看见老公和别的男人打架，会在一边呐喊助威，找准了空隙就上去咬两嘴。果然，不是一家鹅，不进一家门，这样的暴脾气，建议大家不要轻易去靠近。

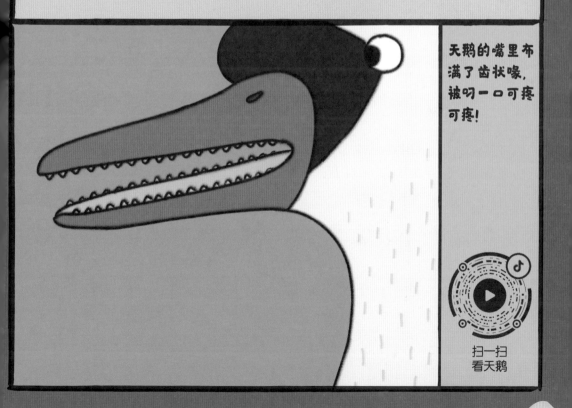

天鹅的嘴里布满了齿状喙，被叼一口可疼可疼！

扫一扫
看天鹅

袋獾为什么会变成僵尸?

大洋洲大陆居民卡
Oceanian Animal ID Card

袋獾

Tasmanian devil

民族：袋鼬目 - 袋鼬科 - 袋獾属
家庭住址：澳大利亚的塔斯马尼亚岛
最爱吃的食物：袋熊、沙袋鼠
睡觉的地点：岩洞、树洞和地洞里
个人爱好：啃骨头
座右铭：将光盘行动进行到底！

CARD OCEANIAN ANIMAL ID
NO.14

TRIVIA 关于他的冷知识

在缩放到相同体型的前提下，他拥有哺乳动物中最强的咬合力，可以轻松咬碎骨头。

他的叫声很有特点，如同恶魔咆哮，被当地居民称为"塔斯马尼亚的恶魔"。

嗝！

他的胃口很大，一次最多可以吃掉相当于自身体重40%的食物，经常撑得趴在地上爬不起来。

你瞅啥?
瞅你咋的?

　　袋獾表达爱意的方式就是用嘴咬同伴的脸：聚餐的时候咬脸，泡妞的时候也咬脸；喜欢你时咬脸，瞅你不爽时也咬脸……无论脸上有多疼，牙印有多深，他们始终秉承"君子动口不动手"的原则，发扬"感情薄，咬不着；感情厚，咬块肉；感情铁，咬出血"的精神，成为世界上毁容率最高的动物。

　　在缩放到相同体型的前提下，袋獾的咬合力位列哺乳动物第一。他们啃袋熊就像啃干脆面，啃袋鼠就像啃德州扒鸡，连皮带骨头全部吞下，一顿下来基本不产生厨余垃圾。他们甚至可以吃被人丢弃的皮鞋。他们还爱吃腐肉，所以当地农民喜欢袋獾，因为他们可以帮助清理掉动物的尸体，防止疾病扩散。

然而，这么强悍的一种动物，现在却面临着灭绝的危机，不是死于整容失败，而是死于一种癌症：袋獾面部肿瘤（Devil facial tumor disease，简称 DFTD）——病体脸部长出特大号的"爆米花"，牙齿脱落，最后活活饿死。一般来说，由于体内排异反应，动物的身体免疫系统会把别人的癌细胞当成敌人攻击，因此癌细胞不可能通过伤口传播。但是由于地理隔绝，袋獾全部局限在一个小岛上，大家的基因相似度很高，免疫系统不太会把近亲当成"异"，于是所有袋獾连成一体，成了一个"大袋獾"，癌细胞在其中畅通无阻。而袋獾喜欢咬脸的礼仪，让尖牙成了利剑，香吻成了毒药，一场僵尸大战就这样上演了。

打架不仅毁容，还容易得传染病！

扫一扫
看袋獾

我有一头小毛驴

大洋洲大陆暂住证

Oceanian Animal ID Card

迷你驴

Miniature donkey

民族：**奇蹄目 - 马科 - 马属**
家庭住址：**澳大利亚、北美等地**
最爱吃的食物：**干草和谷物等**
睡觉的地点：**驴棚、家中**
个人爱好：**嘟嘟嘴**
座右铭：**别看我个头小，黏人得不得了！**

OCEANIAN ANIMAL ID CARD
NO.15

91cm

他的性格非常和善、忠诚，可以成为人类的伴侣动物。

他是一种人工培育出来的小型驴，肩高一般不超过91厘米。

33岁

他们的平均寿命大概在33岁。

TRIVIA **关于他的冷知识**

有了驴的抱抱，还要什么LV的包包？

　　我有一头小毛驴，我从来都不骑，因为他是地球上体形最小的毛驴：迷你驴。迷你驴原产自意大利的撒丁岛，是当地人挑水、拉磨的好帮手。目前，他们成为一种流行的宠物，主要工作是陪伴孤单的老人和儿童。他们的外形和普通驴类似，但是体型要小很多，拥有一对很不迷你的大耳朵，摸起来手感特别柔和；他们身上的毛浓厚细密，就算用脚也能撸出满满的诚意；他们脾气温和乖巧，你甚至可以搂着一起睡觉。果然，人类无论年龄大小，都喜欢可爱的抱抱。

牵一头迷你驴徒步，你就是山上最靓的仔！他们的速度比不上马，但是耐力极佳，跑累了也可以帮你驮行李；他们的听力很好，只要主人一声召唤，大老远就摇着尾巴屁颠屁颠地跑过来。他们的眼神楚楚动人，这样的小甜心，别说你骑他，恐怕让他骑你也不是不可以。他们活泼好动，从小就会踢踏舞，长大了还会摇头晃舞，学狗子走路。他们喜欢唱歌，还是标准的哈士奇唱法，结尾还有颤音。当然，他们最擅长的还是"驴打滚"，在沙坑里撒泼。红尘滚滚，小尾巴也跟着一起摇摆。

　　俗话说：人浪笑，马浪叫，狗浪跑断腿，驴浪嘟嘟嘴。他们的驴唇也许对不上马嘴，但是牙齿整齐划一，神态夸张滑稽；他们的脸上永远都挂着蜜汁微笑，仿佛可以让你把一切烦恼都忘掉；他们勤勤恳恳，任劳任怨，也许没有马儿那么帅，但是拥有马儿没有的那种可爱。

憨厚可爱的迷你驴，牙齿真是白净！

扫一扫
看迷你驴

羊毛有毛用?

大洋洲大陆暂住证
Oceanian Animal ID Card

绵羊
Sheep

民族：偶蹄目 - 牛科 - 绵羊属
家庭住址：**全球牧场、农村**
最爱吃的食物：**青草、种子**
睡觉的地点：**农场**
个人爱好：**吃草**
座右铭：**咩!**

CARD OCEANIAN ANIMAL ID
NO.16

全世界公认的绵羊品种超过1000种，他们共同的祖先是野生的盘羊。

他的瞳孔是长方形的，在吃草的时候可以为他提供更广阔的视野。

他会本能地模仿周围绵羊的行动，这种模仿是盲目的，有时候甚至会一起跳下山崖。

TRIVIA **关于他的冷知识**

绵羊的毛和人的头发一样，会一直长个不停，如果你忘记给他剪羊毛，那么夏天他就容易热死在毛球里。每年春夏之交是剃毛的关键时期，有时候剃到一半，"托尼老师"出去接个电话回来就把这事给忘了，一只羊就活生生地变成了"半边羊"，真是出尽了"羊相"。

剃羊毛不仅仅是为了做衣服，也是为了绵羊的身体健康。过厚的毛会让羊变笨，他容易被各种东西卡住，躺下了连翻个身都很困难。而且还很不卫生，便便直接卡在棉毛裤里面，屁股上挂满了羊粪球，真是"羊可忍，屎不可忍"啊！

在澳大利亚，一些绵羊为了逃避剪毛，会躲进山洞好几年，身上的毛厚到狼都咬不动。等他们被人发现后扛下山，电视直播剪羊毛，在众目睽睽之下被剪个精光，绵羊成了裸羊，自尊心多少有点儿受伤。据说他会好几天都睡不好觉，因为"失绵"了。不过，就算人类不剪他的毛，别的羊也会因为异食症吃他的毛，这就叫作：薅别人家的羊毛，让人类无毛可薅。

羊毛不仅可以吃，而且可以防水。羊毛的表层覆盖着一层油脂，可以过滤雨水。下雨天，经常会看到一群羊在雨中一动不动，像是中了邪，这是因为一动容易漏水。等到雨停了，抖抖身体，又是一只好羊。表面上他们在淋雨，实际上却是在躲雨，所以别再说什么"有毛用"了，因为毛，确实有用。

这就是传说中的"绵羊毛料理"？

薅别人家的羊毛，让人类无毛可薅！

别人家的羊毛

扫一扫
看绵羊

欢脱的矮山羊

大洋洲大陆暂住证

Oceanian Animal ID Card

矮山羊
Dwarf goat

民族：**偶蹄目－牛科－山羊属**
家庭住址：**全球牧场**
最爱吃的食物：**树叶**
睡觉的地点：**羊圈**
个人爱好：**跳跃**
座右铭：**只要跳一跳，烦恼全忘掉！**

CARD OCEANIAN ANIMAL ID
NO.17

关于他的冷知识
TRIVIA

他生性好奇，会品尝很多种"食物"，包括易拉罐、衣服和纸张等。

他是一种人工培育出来的宠物山羊，体形比一般山羊小很多，目前在全世界被当作宠物来饲养。

他的上颌没有门牙，只有一个坚固的牙垫，可以用来咬住嫩叶。

67

别看个头不高，我敢和牛魔王过招！

　　矮山羊小时候绝对是精力旺盛的家伙，他们到哪里都是蹦蹦跳跳的，开心的时候跳，不开心的时候也跳。羊生格言：只要跳一跳，烦恼全忘掉！别看他们小时候个头还没一只兔子大，搂在怀里就像一只小猫，一脸的无辜、一身的文静，但他们小小的身躯里藏着一颗躁动的心，只要放开他们，就会开始一天的捣蛋行径。

　　矮山羊非常爱玩，而且玩得有创意。他们有样学样，你跳他也跳，跳上"天蓬元帅"骑着到处炫耀。他们没事就欺负别人，三天不打，上房揭瓦，一天不揍，脑袋难受。

68

他们最喜欢斗牛，管你阿猫阿狗，上去就给你一头。东西南北中，看我铁头功，路见镜子一声吼，该出"首"时就出首。别人脑袋有角，他的脑袋还有包，没事还要挑战那些几百斤重的高头大马，妥妥的一个"黄金羊斗士"。脑袋够不着就斗人家屁股，你说这是得了羊角风，还是犯了"羊没谱"？

　　如果你想养矮山羊，那么首先你得学习一门外语，这门外语叫作"yanglish"。他们会哇哇吵架，不懂外语你没法和他们讲道理。其次，他们喜欢跳跃，家里的地毯要够厚，否则楼下的邻居绝对有的受。他们的蹄子长得比绵羊快，2 个月就得仔细修剪一次。同时，矮山羊是群居动物，所以最好能办一个矮山羊托儿所。一群小神兽在一个班，屋顶都能给你掀翻。不过，放学后看到一群小可爱蹦蹦跳跳朝你靠近，再多的麻烦此刻也化成了灰烬。

别看体型不大，天蓬元帅被我踩在脚下！

扫一扫
看矮山羊

69

牛气冲天

大洋洲大陆暂住证
Oceanian Animal ID Card

家牛
Cattle

民族：**偶蹄目－牛科－牛属**
家庭住址：**除南极洲外全球陆地**
最爱吃的食物：**粮食、青草、饲料等**
睡觉的地点：**牛棚、牧场**
个人爱好：**放屁**
座右铭：**不是吹牛，我放屁**
天下第一！

CARD OCEANIAN ANIMAL ID
NO.18

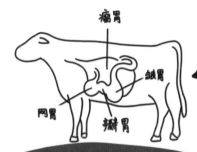

瘤胃
网胃
皱胃
瓣胃

关于他的冷知识 TRIVIA

他有4个胃室：瘤胃（俗称毛肚）、网胃（俗称金钱肚）、瓣胃（俗称牛百叶）和皱胃（俗称牛伞肚）。

据报道，新西兰将从2025年征收牛羊"打嗝税"，目前牛羊在打嗝放屁时排出的甲烷占了新西兰温室气体排放总量的一半。

他的瘤胃容积达90多升，占整个胃容积的80%，是细菌发酵草料和饲料的主要器官，也是甲烷产生的主要场所。

牛50% | 其他50%

新西兰温室气体
排放总量

瘤胃

网胃

瓣胃　皱胃

　　看起来憨厚老实的家牛，其实是个真正的"屁精"。他们一天有30%的时间都在排出各种"牛气"，这些气体大部分是可以燃烧的甲烷。这些甲烷大都是随机排放的，不会酿出火灾，也不会造成危险。但是到了冬天，如果牛棚密不透气，牛气排不出去，加上牛和牛相互摩擦产生静电，就会牛气爆棚，死的死，伤的伤，空气里弥漫的味道叫作烤牛屁。

家牛有 4 个胃，其中最大的那个叫作瘤胃，里面有大量微生物，在帮助牛消化草料的同时，产生大量的甲烷。如果这些甲烷不能顺利排出，牛就容易得胃胀气。肚子胀大，容易内部爆炸。这时，有经验的兽医就会用一根细长的针管扎进牛肚子，给牛排气，有时还会点上火，排出来的那叫一个"牛气哄哄"。不过，被扎的牛也就丧失了吹牛的能力，因为身上有孔，容易漏气。

全球一共约有 15 亿头家牛，据统计，温室气体中有 15% 都是牛羊放屁或者打嗝造成的。所以，屁大一点儿事，也能影响地球的发展和命运。人类一直尝试高效、安全地收集和利用牛气，减少屁污染。有些科学家研发了"牛屁背包"，让牛扛着一个袋子，一边吃草，一边造气，一头 250 千克的牛每天能生产 300 升的可燃屁，用来发电，用来开车，还能用来小炒黄牛肉。一头牛一生排放的屁，足以把自己送上太空。所以，别问屁有什么用，积少成多，一个屁也能让牛飘飘欲仙，牛气冲天。

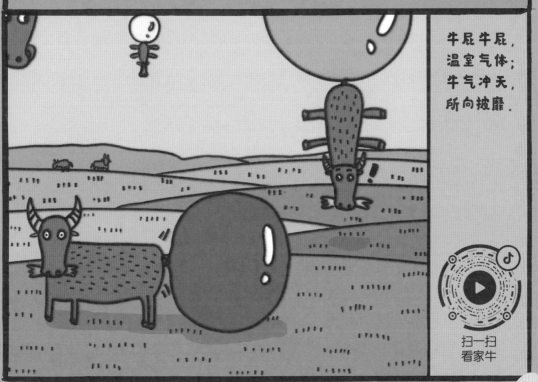

牛屁牛屁，
温室气体；
牛气冲天，
所向披靡。

扫一扫
看家牛

鸮鹦鹉找老婆

大洋洲大陆居民卡
Oceanian Animal ID Card

号鹦鹉
Kakapo

民族：**鹦形目－鹦鹉科－号鹦鹉属**
家庭住址：**新西兰**
最爱吃的食物：**瑞木果**
睡觉的地点：**岩洞和地洞**
个人爱好：**爬树**
座右铭：**老婆你在哪里？**

CARD OCEANIAN ANIMAL ID
NO.19

他长着一张酷似猫头鹰的脸，所以中文名叫"号鹦鹉"。

他的身上会发出一种独特的香气，类似于麝香、木瓜及蜜糖混合的味道。

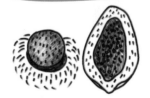

他不会飞，遇到危险时会利用自己的拟态羽毛隐藏在青翠的草丛间。

TRIVIA 关于他的冷知识

75

辛辛苦苦爬上树，只为吃一口红果子。

　　这种脸蛋圆圆像个球、身材胖胖像个球的鸟就是新西兰的特有物种——鸮鹦鹉。他是世界上最重的鹦鹉，体重可达 4 千克，是唯一一种不会飞的鹦鹉，一双翅膀主要用来保持身体平衡。当遇到危险时，他就站着一动不动，苔藓配色的羽毛可以提供伪装，静止时能和背景浑然一体。他们是世界上最濒危的鸟类之一，全球数量不到 300 只，而濒临灭绝的原因居然是繁殖率太低，找老婆不容易。

　　鸮鹦鹉平均每 4 年发情一次，他们对交配的兴趣取决于食物的丰富程度，尤其是这种 4 年才爆发结果一次的新西兰瑞木树。为了吃到这些"爱情果"，鸮鹦鹉需要嘴爪并用，冒着生命危险爬上高达 30 米的树枝尖端，这对于他们肥胖的体形来说属实不容易。早期的新西兰探险家曾记载，只要站在树下摇晃一下树枝，他们就会像成熟的苹果一样掉落一地。假如哪一年的瑞木果长得不多，经济形势不好，他们就拒绝生孩子。和人类一样，他们只有填饱大肚子，挣够了红票子，才考虑生个孩子。

　　雄性鸮鹦鹉的求婚仪式也是特别烦琐的，他们会选择一块偏僻之处，用爪子挖出一个圆圆的凹坑作为扩音器，夜深人静后就开始发出求偶的声音，开启手机振动"聊骚"模式。这种低频信号最远可覆盖周围 5 千米，一晚上振动 17000 次，连续 3 个月不停息。由于声音大且味道香，很多雄性鸮鹦鹉老婆没找到，却被吸引来的流浪猫狗抓去吃掉了。目前，为了保护鸮鹦鹉，他们被集中隔离在没有天敌的几个孤僻的小岛上。希望他们可以不被打扰，快点结婚，早生贵子，越多越好！

认认真真挖个坑，只为千米传音讯。

扫一扫
看鸮鹦鹉

鸟中哈士奇

大洋洲大陆居民卡
Oceanian Animal ID Card

葵花凤头鹦鹉
Sulphur-crested cockatoo

民族：鹦形目－凤头鹦鹉科－白凤头鹦鹉属

家庭住址：澳大利亚、新几内亚、印度尼西亚

最爱吃的食物：种子、水果等

睡觉的地点：树洞

个人爱好：拆家

座右铭：要拆就拆，拆个痛快！

CARD OCEANIAN ANIMAL ID NO.20

关于他的冷知识

他们聚在一起时会特别吵，早上和黄昏时候，庭前屋后，声音聒噪，震耳欲聋。

他外号"垃圾桶杀手"，喜欢到处翻垃圾桶找吃的，就算盖上桶盖，他也能想办法掀开。

他非常调皮，无法克制自己咬别人尾巴的冲动。

躺在怀里的
"哈士葵"，
就是一只长羽
毛的汪星人。

扫一扫
看葵花凤头鹦鹉

如果要问哪种动物比哈士奇还会拆家，葵花凤头鹦鹉一定榜上有名。别人拆家都是从软装开始，而他们直接高空作业，从窗户开始拆，三下五除二，给你弄得干干净净，难怪外号叫作"哈士葵"。除了猫、狗、鱼，哈士葵是国外养得最多的宠物之一。他们如葵花一样的羽冠可以自由收缩，收起来的时候就像是一只走地鸡。他们还会贴心地偎依在你的怀里。他们的羽毛细腻柔软，撸起来就像狗子一样。他们可以模仿狗子叫，也可以模仿鸡撒娇，养他等于养一切。养一只哈士葵，你真不亏，除了家具换得有些勤。

虽然和哈士奇一样精力旺盛，但哈士葵的智商还是要高出一截。他们可以帮你做各种各样的复杂事情，例如用舌头拧开螺丝帽，用鸟喙帮你梳理发型，用爪子帮你按摩身体。他们是智商最高的鹦鹉之一，如果你出门没带钥匙，那么他们还可以帮你开锁。一鸟多用，超有实力。如果你喜欢音乐，那么他们还会成为合格的伴舞。他们的律动感极强，会伴随你的节奏"头舞足蹈"，热情洋溢。他们的寿命还很长，最多可以活到80多岁。当你老到走不动了，他们还在那里"莺歌鹦舞"，激情飞扬。

当然，养哈士葵不是一件简单的事情。首先，你得有个独栋别墅，因为他们的叫声十分动听，容易引起邻居投诉；其次，大型鹦鹉的羽粉很多，所以需要经常清洗和护理，否则哪哪都是他们的头皮屑；最后，哈士葵是一种非常需要陪伴和关注的动物，假如你冷落了他们，他们就会郁郁寡欢，严重的还会拔自己的毛，变成一只黑山老妖。他们不喜欢被关在笼子里，喜欢探索新鲜的事物，和"二哈"一样。一个欢脱的灵魂，需要一片广阔的天地！截至目前，葵花凤头鹦鹉在我国尚未开放养殖，请大家不要私自饲养哦。

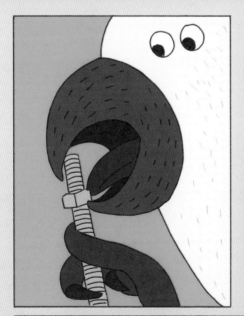

虽然没有爪子，却敢于挑战各种高难度的事情。

后记

　　我小的时候就喜欢在纸上画各种动物，每个动物角色都有自己的职业和喜好。我还为他们设计了非常酷的服装和配饰。当我画画时，我想象着，他们在那个世界度过了怎样精彩的一天。他们如同朋友一般，陪伴了我的童年时光。现在的我已经忘了那些幼稚笔触下的角色长什么样子，但依旧觉得他们也许还生活在我的内心深处。

　　当嗑叔找到我，我们一起讨论这个动物科普书的构想时，我感觉到这将会是一个非常棒的事情。在嗑叔的文字里，我看到了各色各样的他们。他们有的看起来不太好惹，有的充满幽默感，有的拥有一身才华，有的还爱"喝酒"。

　　这套书好像是一座城市，里面住着很多动物居民，他们穿着考究，有自己独特的性格和技能，每个动物都有自己的故事。想象自己也在这些故事里，用自己的眼睛观察这个世界，他们可能是你，是我，是我们周围的了不起的朋友。

如意